Christina Rogler

Ist der weibliche Körper für Extremsport geeignet?

Unterschiede der körperlichen Belastbarkeit und Leistungsfähigkeit bei Frauen und Männern

GRIN Verlag

Bibliografische Information der Deutschen Nationalbibliothek:

Die Deutsche Bibliothek verzeichnet diese Publikation in der Deutschen National-bibliografie; detaillierte bibliografische Daten sind im Internet über http://dnb.d-nb.de/ abrufbar.

.

Impressum:

Copyright © 2009 GRIN Verlag GmbH
Druck und Bindung: Books on Demand GmbH, Norderstedt Germany
ISBN: 978-3-656-66330-0

Dieses Buch bei GRIN:

http://www.grin.com/de/e-book/273866/ist-der-weibliche-koerper-fuer-extremsport-geeignet

GRIN - Your knowledge has value

Der GRIN Verlag publiziert seit 1998 wissenschaftliche Arbeiten von Studenten, Hochschullehrern und anderen Akademikern als eBook und gedrucktes Buch. Die Verlagswebsite www.grin.com ist die ideale Plattform zur Veröffentlichung von Hausarbeiten, Abschlussarbeiten, wissenschaftlichen Aufsätzen, Dissertationen und Fachbüchern.

Besuchen Sie uns im Internet:

http://www.grin.com/

http://www.facebook.com/grincom

http://www.twitter.com/grin_com

BEI GRIN MACHT SICH IHR WISSEN BEZAHLT

- Wir veröffentlichen Ihre Hausarbeit,
  Bachelor- und Masterarbeit

- Ihr eigenes eBook und Buch -
  weltweit in allen wichtigen Shops

- Verdienen Sie an jedem Verkauf

Jetzt bei www.GRIN.com hochladen
und kostenlos publizieren

Christina Rogler

Ist der weibliche Körper für Extremsport geeignet?

Unterschiede der körperlichen Belastbarkeit und Leistungsfähigkeit bei Frauen und Männern

GRIN Verlag

Bibliografische Information der Deutschen Nationalbibliothek:

Die Deutsche Bibliothek verzeichnet diese Publikation in der Deutschen National-
bibliografie; detaillierte bibliografische Daten sind im Internet über http://dnb.d-
nb.de/ abrufbar.

Impressum:

Copyright © 2009 GRIN Verlag GmbH
Druck und Bindung: Books on Demand GmbH, Norderstedt Germany
ISBN: 978-3-656-66330-0

Dieses Buch bei GRIN:

http://www.grin.com/de/e-book/273866/ist-der-weibliche-koerper-fuer-extremsport-
geeignet

GRIN - Your knowledge has value

Der GRIN Verlag publiziert seit 1998 wissenschaftliche Arbeiten von Studenten, Hochschullehrern und anderen Akademikern als eBook und gedrucktes Buch. Die Verlagswebsite www.grin.com ist die ideale Plattform zur Veröffentlichung von Hausarbeiten, Abschlussarbeiten, wissenschaftlichen Aufsätzen, Dissertationen und Fachbüchern.

Besuchen Sie uns im Internet:

http://www.grin.com/

http://www.facebook.com/grincom

http://www.twitter.com/grin_com

CHRISTINA ROGLER

GRUNDLAGEN DER SEXUALDIFFERENZIERUNG DER KÖRPERLICHEN BELASTBARKEIT UND LEISTUNGSFÄHIGKEIT

Seminararbeit im Rahmen des Hauptseminars
Klinische Physiologie

Institut für Sportwissenschaft und Sport
der Universität Freiburg

SS 2009

ABGABETERMIN: 27.05.2009

1

1 Einleitung

Noch in den 50er Jahren war Langstreckenlauf für Frauen offiziell verpönt, und der Start über Marathondistanzen war ausschließlich Männern vorbehalten. Katherine Switzer schummelte sich 1967 auf illegale Weise in den Boston Marathon und finishte in 4:30 h. Dieses Ereignis veränderte langsam die öffentliche Meinung zum weiblichen Langstreckenlauf und sorgte für reichlich Diskussionen in den Verbänden. Dem Waldnieler Arzt Ernst van Aaken gelang es schließlich 1973, einen reinen Marathonlauf für Frauen durchzusetzen (vgl. Aaken). Die gezeigten Leistungen der Sportlerinnen (Siegerzeit 2:59 h) versetzten die Öffentlichkeit ins Staunen. Ernst van Aaken wagte damals die Aussage „ In spätestens 30 Jahren werden die Frauen 2:20 gelaufen sein" (Aaken, 1985) - und er behielt recht. 2009 wird der Marathonweltrekord von der Britin Paula Radcliffe in 2:15:25 h gehalten. Die Teilnahme von Frauen an Marathonläufen ist im 21.Jahrhundert längst Normalität geworden. Ebenso weichen Frauen vor anderen extremen körperlichen Herauforderungen wie dem jährlichen Ironman auf Hawai nicht mehr zurück und treiben ihren Körper so zu Höchstleistungen an. Doch ist der weibliche Körper wirklich für solche Extremleistungen geeignet und wie wird auf Reize jener Art reagiert? Antwort auf diese Fragen soll folgende Arbeit liefern.

2 Geschlechtsspezifische Unterschiede in der Anatomie

Der geschlechtsspezifische Unterschied in der körperlichen Leistungsfähigkeit zwischen Mann und Frau lässt sich durch verschiedene anthropometrische Abmessungen sowie gegensätzliche anatomische Gegebenheiten erklären. Des Weiteren ist der weibliche Körper einem komplexen Zusammenspiel verschiedener Hormonsysteme unterworfen. Im folgenden Kapitel soll auf diese Differenzen näher eingegangen werden.

2.1 Körperbau der Frau

Frauen sind im Durchschnitt 10-15 cm kleiner und 10-20 kg leichter als Männer. Die geringere Größe der Frau ist auf die schnellere Skelettreife und den damit verbundenen früheren Epiphysenfugenverschluß zurückzuführen. Der im Vergleich zum Manne deutlich leichtere Knochenbau macht das weibliche Skelett graziler und um etwa 25 % leichter. Die Röhrenknochen sind schwächer gebaut und sind somit einem höheren Bruchrisiko ausgesetzt.

Während der Körperbau des Mannes stark extremitätenbetont ist, zeigt die Frau eine starke Rumpfbetonung mit kurzen Extremitäten auf, welche zu einer Verlagerung des Körperschwerpunktes nach unten führt. Der Rumpfbreitenindex (Beckenbreite/Schulterbreite) ist beim Mann kleiner, ebenso der Querabstand der Hüftgelenkspfannen. Wie Abb. 1 zeigt, sind die Schultern bei der Frau in der Regel schmaler: die Schulterbreite der Frau unterscheidet sich meist nur um 3cm zur Hüftbreite, während es beim Mann bis zu 15 cm sind.

Im Bereich des Beckens können jedoch die größten geschlechtsspezifischen Unterschiede betrachtet werden (siehe Abb.1). Die Beckenbreite von 54 % der gesamten Rumpflänge bei der Frau - im Vergleich zu nur 50 % beim Mann- ist auf breitere und weniger steil angestellte Beckenschaufeln zurückzuführen. Durch das breitere Becken kommt es häufig zu einer Valgusstellung der Kniegelenke („X-Bein-Stellung"). Abb.1 Unterschiede nach Weineck (2000)

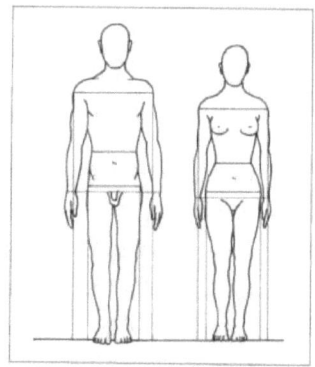

Zwischen Ober- und Unterarm besteht bei der Frau eine x-förmige Winkelstellung und erlaubt somit eine Überstreckbarkeit, welche in Ausdruckssportarten wie Bodenturnen sich als Vorteil, in leichtathletischen Wurfdisziplinen dagegen als Nachteil erweist. Die größere Gelenkbeweglichkeit und höhere Dehnbarkeit der Muskulatur gegenüber dem Mann ermöglichen größere Bewegungsamplituden. Der Thorakalindex (Brusttiefe/Brustbreite) ist beim Mann geringer. Die weibliche Wirbelsäule weist

eine stärkere Lendenlordose sowie eine stärkere Brustkyphose auf (vgl. Korsten-Reck).

2.2 Körperzusammensetzung

Der Frauenkörper verfügt über einen 1,75fachen höheren Werte an Fettgewebe, welches v.a. im subkutanen Bindegewebe gespeichert wird. Prozentual ist der

3

Gesamtkörperfettanteil bei der Frau um 10 % höher als beim Mann. Dieser höhere Fettanteil in Verbindung mit dem leichten Knochenbau haben eine geringere Körperdichte zur Folge (1,04g/cm ^{3} bei der Frau im Vgl. zu 1,07g/cm^3 beim Mann). Das dadurch geringere spezifische Gewicht schafft beispielsweise für den Schwimmsport optimale Voraussetzungen und erklärt auch die relativ geringen Leistungsunterschiede (6,48-12,38 %) in dieser Sportart.

Durch die deutlich geringere Muskelmasse (23 kg zu 35 kg Muskelmasse des Mannes), verfügt die Frau über eine 15-25 % geringere Muskelkraft. Hinsichtlich der Trainierbarkeit der Muskelfasern lassen sich bei den sog. ST-Fasern (slow-twitch, rote Fasern für oxidativen Stoffwechsel) keine geschlechtsspezifischen Differenzen feststellen, während FT-Fasern (fast-twitch, weiße Fasern für glykolytischen Stoffwechsel) bei Männern trainierbarer sein sollen (vgl. Korsten-Reck).

2.3 Physiologische Unterschiede

Zum einen bedingen Stütz- und Bewegungsapparat die körperliche Leistungsfähigkeit, zum anderen sind organische Funktionsgrößen starke Einflussfaktoren. V.a. im kardiopulmonalen und kardiozirkulatorischen System liegen starke Differenzen zwischen den Geschlechtern vor.

Die geringere Herzgröße der Frau (250-300g bei der Frau zu 300-350g beim Mann) mit folglich niedrigeren Funktionswerten (Herzvolumen, Schlagvolumen, Herzminutenvolumen) führen zu einer deutlich schwächeren kardialen Leistungsfähigkeit der Frau. Eine kleinere relative Gesamtblutmenge (3,8l bei der Frau zu 5l beim Mann) und ein niedrigerer Hämoglobingehalt haben eine herabgesetzte Sauerstofftransportkapazität zur Folge. Eine deutlich geringere Zahl und Größe der Mitochondrien in der Skelettmuskulatur führt zu einer kleineren aeroben Stoffwechselkapazität als beim Mann. Die maximale Sauerstoffaufnahmefähigkeit, welche als Kenngröße für die Ausdauerleistungsfähigkeit angesehen wird, ist bei der Frau somit deutlich geringer als beim Mann (vgl. Weineck).

2.4 Hormonelle Regulation

Bevor es im Pubertätsalter zum Eintritt der Menarche (erste Menstruation) kommt, müssen im endokrinen System der Frau einige Vorgänge ablaufen. Voraussetzung für einen reibungslosen hormonellen Regelkreis ist der Gn-RH- Pulsgenerator (Gonadotropin releasing hormone) im Hypothalamus. Durch die pulsatile Gn-RH Ausschüttung alle 60-90 Minuten wird die ebenfalls pulsatile Freisetzung von LH (luteinsierendes Hormon) und FSH (follikelstimulierendes Hormon) stimuliert. Diese beiden in der Hypophyse freigesetzten Gonadotropine sind letztlich maßgebend für eine adäquate Ovarialfunktion. Die im Ovar produzierten Sexualsteroide (Östradiol, Progesteron und Androgene) wirken wiederum auf Hypothalamus und Hypophyse ein, die folglich die Ausschüttung von FSH und LH einstellen (vgl. Korsten-Reck). Nach der Ovulation bilden die Eierstöcke den sog. Gelbkörper (Corpus luteum), welcher weitere Mengen an Östrogenen und Progesteron produziert. Bei keiner Befruchtung, stirbt der Gelbkörper innerhalb von 14 Tagen ab, Östrogen- und Progesteronspiegel sinken und die verdickte Uterusschleimhaut wird abgestoßen (vgl. Korsten-Reck).

2.5 Menstruationszyklus

Oben genannte Vorgänge bilden die Voraussetzung für den Menstruationszyklus, welcher als eine sich wiederholende Abfolge von Menstruation, Follikelphase (Proliferation) und Gelbkörper (Corpus luteum)- Phase verstanden werden kann. Im Durchschnitt dauert ein Zyklus 28 Tage, wobei der Eisprung (Ovulation) normalerweise am 14.Tag erfolgt. Somit lässt sich der Zyklus in vier verschiedene Phasen einteilen: Die Menstruationsphase (1.-4. Tag), die postmenstruelle Phase (5.-11. Tag), die intermenstruelle Phase (12.-22.Tag) sowie die prämenstruelle Phase (23.-28. Tag). Während bei den meisten Frauen das Leistungsoptimum in der postmenstruellen Phase erreicht wird, werden die Tage unmittelbar vor der Menstruation als Phase der verminderten Leistungsfähigkeit angesehen. Ursache dessen ist ein erhöhter Progesteronwert, welcher sich negativ auf das Atemzentrum auswirkt und eine Verschlechterung des Atemäquivalents nach sich zieht (vgl. Weineck).

3 Hormonelle Störungen durch Wettkampf und Training

Körperliche Aktivität, die im richtigen Maße betrieben wird, kann mit diversen positiven Auswirkungen auf den menschlichen Organismus aufwarten. Dass Sport jedoch auch großen Schaden im Körper der Frau verursachen kann, wurde erst durch Zunahme des weiblichen Leistungssports in den letzten Jahrzehnten bekannt. Meist handelt es sich hierbei um Störungen des reproduktiven Systems (vgl. Korsten-Reck).

3.1 Zyklusstörungen

Da das Hormonsystem der weiblichen Leistungssportlerin jedoch nicht nur intensiven körperlichen Belastungen ausgesetzt ist, sondern auch von zahlreichen anderen Faktoren mit beeinflusst wird (Ernährungsform, Psyche, Zeitpunkt der Belastung im Menstruationszyklus, Körperkerntemperatur etc.), ist es schwierig diese voneinander zu separieren. Oftmals bedingen sich die Reize und verursachen dadurch eine Störung (vgl. Korsten-Reck).

3.1.1 Menarche

Mädchen, die sich einem intensiven Training im Hochleistungsbereich unterziehen, weisen ein um 1-2 Jahre späteres Einsetzen der Menarche auf. Durch diese Verzögerung steigt das Risiko im späteren Lebensalter eine Osteoporose zu entwickeln.

3.1.2 Oligomenorrhö und Amenorrhö

Intensive körperliche Belastungen deaktivieren die normale Regulation der Hypothalamus- Hypophysen- Ovarien- Achse. Die pulsatile Frequenz und die Freisetzung der Hormone werden geschwächt. In ausdauerbetonten Sportarten (Langstreckenlauf, Radfahren, Triathlon, Skilanglauf) sowie ästhetischen Sportarten (Turnen, rhythmische Sportgymnastik, Ballett) finden sich gehäuft Frauen mit Zyklusstörungen.

Bei Sportlerinnen, die unregelmäßige Perioden mit Abständen zwischen fünf und zehn Wochen haben und somit nur vier bis neun mal jährlich menstruieren, wird von einer Oligomenorrhö gesprochen. Ein völliges Ausbleiben der Menstruation oder weniger als drei Zyklen jährlich zeichnen eine Amenorrhö aus. Eine primäre Amenorrhö liegt vor , wenn bis zum 16.Lebensjahr noch keine Blutung stattgefunden hat; bei einer sekundären Amenorrhö fällt die Regelblutung drei oder mehrmals hintereinander aus, bei vorher normal stattgefundenem Zyklus (vgl. Korsten-Reck). Im späteren Verlauf können o.g. Probleme aufgrund des Östrogenmangels sowie häufig nicht stattfindender Ovulation zu Unfruchtbarkeit führen.

3.1.3 Erklärungsmuster

Wie in 3.1.2 erwähnt, kommen o.g. Störungen durch Dysfunktionen im Bereich des Hypothalamus zustande. Die Gn-RH-Freisetzung, welche am Anfang des Regelkreises steht kann durch eine nicht ausgeglichene Energiebilanz gehemmt werden. In der Folge können LH und FSH nicht in ausreichendem Maße ausgeschüttet werden, was wiederum eine mangelnde Östradiolproduktion nach sich zieht. Die verlängerten Follikelphasen und der Mangel an LH oder Östradiol verändern den Menstruationszyklus dergestalt, dass verspätete Menarchen oder Amenorrhö auftreten können.

Als Ursache dieser Dysfunktionen werden die mangelnde Energieaufnahme (Makronährstoffe) der Sportlerinnen bei erhöhtem täglichen Bedarf angesehen (vgl. Korsten-Reck). In diesem Zusammenhang spielen auch der Körperfettanteil sowie das Körpergewicht eine entscheidende Rolle; beispielsweise führen intensive Ausdauerbelastungen zu einer Reduktion des Körperfettanteils. Erreicht dieser einen Wert < 12 %, stellt sich im weiblichen Körper der Zyklus ein, da die subkutanten Fettspeicher der Frau ein bedeutendes endokrines Synthesepolster für Östrogene darstellen und diese, wie oben erwähnt, eine wichtige Rolle im Ablauf der hormonellen Regulation haben (vgl. Weineck).

Das Adipozythemhormon Leptin scheint in diesem Zusammenhang auch eine wichtige Rolle zu spielen. Leptin reguliert zum einen den Grundumsatz, kontrolliert die Ausschüttung des Gn-RH und beeinflusst die Schilddrüsenfunktion sowie den Pubertätsbeginn. Niedrige Leptinspiegel wiesen einen Zusammenhang mit Amenorrhö und Essstörungen auf. Es kommt anscheinend zu keiner Menstruation,

„wenn die Leptinkonzentration unter eine kritische Schwelle absinkt" (Korsten-Reck, 2007).

3.2 Osteoporose

„ Ein Knochen kann nur kräftig werden bzw. bleiben, wenn er regelmäßig und langfristig (von der frühen Jugend bis ins hohe Alter) äußerliche Reize zum Wachstum erhält ." (Platen, 1995)

Wäre diese Aussage für jegliche körperliche Aktivität mit beliebigem Ausmaß gültig, könnte man auf dieses Kapitel verzichten. Leider haben aber gerade weibliche Spitzensportlerinnen v.a. im Ausdauerbereich ein erhöhtes Risiko an Osteoporose zu erkranken. Ursache hierfür ist der Abfall der endogenen Östrogenspiegel (vgl. Weineck).Dauert dieser hypoöstrogene Zustand länger an, hat dies eine Verminderung der Knochenmasse zur Folge (Osteopenie) bzw. sogar den Verlust von Knochemasse mit erhöhter Brüchigkeit (Osteoporose). Frauen mit sekundärer Amenorrhö sind hiervon häufiger betroffen als jene mit primärer Amenorrhö; Ermüdungsbrüche und Stressfrakturen treten als Folgeerscheinung v.a. bei Langstreckenläuferinnen auf.

Junge Athletinnen, die an einer Amenorrhö leiden, über eine herabgesetzte Knochendichte verfügen und sich aufgrund niedriger Energieaufnahme eventuell noch kalziumarm ernähren, laufen besonders Gefahr eine Osteoporose zu entwickeln. Denn im jungen Erwachsenenalter werden bis zu 40 % der Knochenmasse aufgebaut, bevor es ab dem 30.Lebensjahr zu einer stetigen Abnahme kommt. Folglich besteht bei geringer Ausgangsknochendichte ein erhöhtes Risiko für diese Krankheit (vgl. Korsten-Reck).

3.3 Wissenschaftliche Untersuchungen

Tabelle 1 zeigt eine Übersicht zu Studien, die das Menarchenalter von Athletinnen im Vergleich zu Kontrollgruppen untersucht haben. Es zeigt sich deutlich, dass die Menarche bei Sportlerinnen im Schnitt ein Jahr später erfolgt.

Table 1. Age at menarche (mean ± SD) of adolescent athletes and non-athletes

Study	Country	Sport group	Age at menarche years
Torstveit and Sundgot-Borgen [10], 2005	Norway	Elite female athletes (n = 669)	13.4 ± 1.4*
		Age-matched controls (n = 607)	13.0 ± 1.3
Klentrou and Plyley [11], 2003	Canada	Rhythmic gymnasts (n = 30)	13.6 ± 1.2*
		Age-matched controls (n = 40)	12.3 ± 0.8
Klentrou and Plyley [11], 2003	Greece	Elite rhythmic gymnasts (n = 15)	14.2 ± 0.3*
		Age-matched controls (n = 38)	12.8 ± 0.9
Dusek [12], 2001	Croatia	Athletes trained before menarche (n = 34)	13.8 ± 1.4*
		Athletes trained after menarche (n = 33)	12.6 ± 1.0
		Age-matched controls (n = 96)	13.0 ± 1.2
Pigeon et al. [13], 1997	France	Ballet dancers (n = 97)	13.5*
		Controls (n = 30)	12.0
Constantini and Warren [14], 1995	Israel	Swimmers (n = 69)	13.8 ± 0.2*
		Controls (n = 279)	13.0 ± 0.1
Lindholm et al. [4], 1994	Sweden	Artistic gymnasts (n = 22)	14.5 ± 1.4*
		Controls (n = 22)	13.2 ± 0.9
Malina et al. [15], 1994	USA	7 sports – mixture of athletes (n = 109)	13.8 ± 1.5
Hata and Aoki [16], 1990	Japan	Elite athletes (n = 40)	13.5 ± 1.3
		College athletes (n = 386)	12.9 ± 1.2
		High school athletes (n = 253)	12.6 ± 1.1
Calabrese [17], 1985	USA	Artistic gymnasts (n = 20)	14.2
Calabrese et al. [18], 1983	USA	Ballet dancers (n = 25)	14.3
Malina [19], 1973	USA	Track and field athletes (n = 66)	13.6 ± 0.2*
		Controls (n = 30)	12.2 ± 1.6

* p ≤ 0.05 (reported difference between athletes and controls).

Tabelle 1 Übersicht zum Menarchenalter unter verschiedenen Athletinnen nach Nestlé (2006)

Dusek (2001) fand unter Athletinnen (Volleyballspielerinnen, Basketballspielerinnen, Balletttänzerinnen, Läuferinnen) ein dreimal so häufiges Amenorrhövorkommen (sekundäre) gegenüber nicht- Athletinnen. Höchste Prävalenzen zeigten Langstreckenläuferinnen, welche im Durchschnitt auch ein geringeres Gewicht hatten. Bestätigen konnten diese Ergebnisse Pfeifer und Patrizio (2002), welche von einem Anteil von 3,4- 66 % unter Athletinnen, die unter einer Amenorrhö leiden berichten. Unter nicht -Athletinnen waren es nur 2-5 %. Läuferinnen sowie Balletttänzerinnen seien häufiger betroffen (40-50 %) als beispielsweise Schwimmerinnen (12 %), was auf eine andere Körperzusammensetzung der Schwimmerinnen zurückzuführen sein könnte.

Abbildung 2 verdeutlicht nochmals den Zusammenhang von Trainingsumfang und Amenorrhö: Mit steigenden Trainingsmeilen pro Woche, erhöht sich das Amenorrhövorkommen, wodurch Langstreckenläuferinnen einem besonderen Risiko ausgesetzt sind.

Torstveit und Sundgot Borgen untersuchten 2005 das Menstruationsverhalten 669 norwegischer Eliteathletinnen im Vergleich zu einer Kontrollgruppe (n=607): Athletinnen berichteten dreimal häufiger von eine primären Amenorrhö, Zyklusunregelmäßigkeiten hatten 24,8 % der Athletinnen aus körperbetonten Sportarten zu berichten zu nur 13,1 % Athletinnen aus nicht körperbetonten Sportarten.

Drinkwater (1990) untersuchte die Knochendichte von Athletinnen mit unterschiedlichen Zyklusstörungen und konnte eine direkte Korrelation zwischen der Häufigkeit des Zyklus und der Knochendichte feststellen: Die höchste Knochendichte wiesen jene Athletinnen mit den meisten Zyklen jährlich auf. Dies lässt wiederum auf ein erhöhtes Osteoporoserisiko von amenorrhöischen Athletinnen schließen.

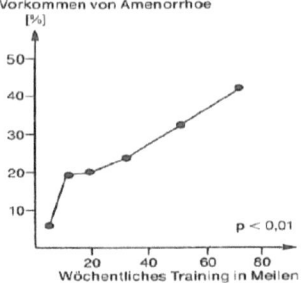

Abb.2 Trainingsumfang in Meilen
und Amenorrhö nach Weineck (2000)

Rückliegende Studien zeigen, dass Sportlerinnen einer größeren Gefahr ausgesetzt sind, Menstruationsstörungen zu entwickeln. In ästhetisch geprägten Sportarten (Ballett, Rhythmische Sportgymnastik) sowie ausdauerbezogenen Sportarten, bei denen ein geringes Körpergewicht vorteilhaft sein kann , sind Athletinnen besonders gefährdet. In der Folge kann, wie Drinkwater (1990) bestätigt, die Knochendichte herbgesetzt sein und eine Osteoporose entstehen. Oftmals treten die beiden Krankheitsbilder Amenorrhö und Osteoporose noch in Zusammenhang mit einer Essstörung auf und können unter dem Begriff „female athlete triade" zusammengefasst werden.

3.4 Lösungsmöglichkeiten

Betroffene Athletinnen sollten frühstmöglich entsprechende Maßnahmen einleiten, um Folgeschäden wie Osteoporose zu vermeiden. Dies kann zum einen durch Ausgleich der negativen Energiebilanz mittels erhöhter Energieaufnahme erfolgen. Ebenso kann durch eine Gewichtszunahme von 1-2 kg oder eine Reduktion von Trainingsintensität und –dauer eine Amenorrhö wiederaufgehoben werden. Orale

Kontrazeptiva sind in diesem Zusammenhang als Therapeutika umstritten (vgl. Korsten-Reck).

4 Schwangerschaftsverhütung und Sport

Gerade Sportlerinnen bedürfen einer optimalen Methode der Empfängnisverhütung, da andernfalls eine ungeplante Schwangerschaft Trainings- und Wettkampfplanung durcheinander bringen könnte. Ebenso muss individuell eine Verhütungsform gefunden werden, welche weder physische noch psychische Leistungsfähigkeit einschränkt oder das Körpergewicht negativ beeinflusst. Dem prämenstruellen Syndrom (Unwohlsein mit Gewichtszunahme und Flüssigkeitseinlagerungen sowie evtl. Verstimmungszuständen, beginnend ca. 8 - 10 Tage vor Einsetzen der Menstruationsblutung) sowie Dysmenorrhoen sollte deshalb vorgebeugt werden.

4.1.1 Hormonale Kontrazeptiva

Sog. hormonale Kontrazeptiva eignen sich für die Zielgruppe der Athletinnen als beste Methode. Das prämenstruelle Syndrom sowie Dysmenorrhoen werden abgeschwächt oder verschwinden ganz, was die Durchführung einer Trainingseinheit erleichtert. Die Stabilität des Zyklus wird gewährt, wovon im Besonderen Sportlerinnen mit Zyklusunregelmäßigkeiten profitieren können. Die Blutung ist vorhersehbar und mögliche Schwankungen im Bereich der Physis, Psyche oder des Gewichts können eingeplant werden. Vor wichtigen Wettkämpfen kann in Absprache mit dem Gynäkologen der Zyklus verschoben werden. Sportlerinnen mit einer Amenorrhö können durch die Einnahme Östrogenmangelerscheinungen vorbeugen und erfahren dadurch eine osteoprotektive Wirkung, welche sich in einer Senkung des Frakturrisikos widerspiegelt (vgl. Sektion Frauensport).

4.1.2 Spektrum der hormonalen Kontrazeptiva

Am häufigsten Anwendung finden die sog. Östrogen/Gestagen-Kombinationspräparate, zu welchen Mikropillen mit einem niedrigen Östrogenanteil (Ethinylestradiol von 20 bis 40 µg / Tag) und einem Gestagen zählen.

11

Eine weitere Gruppe sind die „selektiven Gestagene". In Kombination mit Ethinylestradiol bleibt die Wasserbindung bei diesen Präparaten sehr gering und hat einen positiven Einfluss auf Fett-, Kohlenhydrat- und Androgenstoffwechsel.

Zu dieser Gruppe zählt ebenso der sog. Nuvaring, der für drei Wochen in die Scheide eingeführt wird und in regelmäßigen Abständen geringe Mengen an Ethinylestradiol (15 µg / Tag) und Etonogestrel (120 µg / Tag) abgibt.

Zur Gruppe der reinen Gestagen-Präparate gehören die Dreimonatsspritze, die Minipille und Gestagenimplantate). Da sie nur Gestagene enthalten, sind sie besonders für Frauen geeignet, die ethinylestradiolhaltige Präparate nicht vertragen.

Bei Versagen angewandter Verhütungsmethoden bietet sich im Notfall eine Anwendung der sog. „Pille danach", wobei es sich meist um ein kombiniertes Östrogen-Gestagen-Präparat handelt, an vgl. Sektion Frauensport).

5 Sport in der Schwangerschaft

Zurückliegendes Kapitel beschrieb eingehend, welche Verhütungsmethoden für den Kreise der Sportlerinnen am besten geeignet sind. Im Folgenden soll es darum gehen, inwieweit Frauen durch eine Schwangerschaft körperlich eingeschränkt sind und welche Arten körperlicher Aktivität in dieser Phase anzuraten sind.

5.1. Hormonelle und physiologische Veränderungen in der Schwangerschaft

Ausgangspunkt aller körperlichen Veränderungen ist das Hormonsystem der Frau. In der Plazenta wird ab dem 6.-8. Tag nach der Befruchtung das humane Choriongonadotropin- Hormon (HCG), ein Peptidhormon mit anabolen Effekten gebildet, welches für den Erhalt des Gelbkörpers in der Frühschwangerschaft sorgt und dadurch die Produktion von Östradiol und Progesteron unterbindet sowie die Ausreifung weiterer Follikel zu befruchtungsfähigen Eizellen unterdrückt. Des Weiteren wird die Bildung von DHEA (Dehydroepiandrosteron) in der fetalen Nebennierenrinde angeregt. Im späteren Verlauf der Schwangerschaft wird das

Peptidhormon Oxytozin aus dem Hypothalamus ausgeschüttet, um Milchbildung und Wehentätigkeit einzuleiten (vgl. Rost).

Diese vielschichtigen Prozesse im hormonalen System münden in den für eine Schwangerschaft typischen körperlichen Veränderungen. Durch den wachsenden Uterus, steigt das Körpergewicht um 11-16 kg an, wobei es zu einer Schwerpunktverlagerung des Gewichts nach hinten kommt. Durch die Ausschüttung der Hormone Relaxin und Östrogen wird der Sehnen-, Bänder- und Gelenkapparat stark gelockert und erhöht folglich das Verletzungsrisiko bei Sportaktivitäten. Das Blutvolumen steigt zwischen der sechsten und achten Woche stark an; die venöse Kapazität vergrößert sich. Durch den größeren Sauerstoffbedarf, erhöhen sich das Herzminutenvolumen (Schlagvolumen- und Herzfrequenzzunahme) und das Atemminutenvolumen. Durch Hyperventilation finden sich verminderte Pufferbasen im Blut (vgl. Weineck).

5.2 Leitlinien zur Sportausübung

5.2.1 Risiken und Einschränkungen

Starke Temperaturanstiege im Körper der Mutter können zu einer Minderversorgung des Feten führen. Das werdende Kind ist nicht in der Lage, die Hitze (z.b. über Schweiß) abzuleiten. Die mütterliche Hyperthermie hat eine Temperaturumkehr zur Folge, welche ein großes Risiko für das Kind werden kann und im schlimmsten Fall zu einer Missbildung führt. Auf überlange Ausdauerbelastungen (z.b. Langstreckenläufe) mit starken Anstiegen der Körpertemperatur sowie Sport bei hohen Außentemperaturen sollte deshalb verzichtet werden.

Intensive körperliche Belastungen provozieren die Ausschüttung der Stress- und Leistungshormone Adrenalin und Noradrenalin. Ein erhöhter Noradrenalinspiegel kann die uterine Irritabilität (Reizbarkeit der Gebärmutter) erhöhen und vorzeitig Wehen oder die Lösung der Plazenta verursachen. Aerobe Belastungen sind folglich stark anaeroben Intensitäten vorzuziehen.

Starke äußere mechanische Reize und abrupte Bewegungen (z.B. in Mannschaftssportarten, Bodenturnen, Boxen, Judo etc.) können in einigen Fällen einen Blasensprung (Zerreißen der Eihaut und Entleerung des Fruchtwassers) bis hin zu Nabelschnurumschlingungen auslösen.

Solange also keine Kontraindikationen gegen sportliche Belastung (wie Herzerkrankungen, Infektionskrankheiten, vorzeitige Wehen, Blasensprung, Mehrlingsgraviditäten, uterine Blutungen, Hinweise auf fetale Minderversorgung, u.a.) vorliegen, können zunächst alle bisherigen Aktivitäten weitergeführt werden, die dann zum 2. und 3. Trimeon reduziert werden sollten (vgl. Weineck).

5.2.2 Geeignete Sportarten

Als geeignete Sportarten bieten sich vorzugsweise jene aeroben Charakters an. Dazu zählen Jogging (bis Herzfrequenz 130/Minute), Wandern bis 2000m Höhe, Radfahren, Aerobic-Gymnastik und Tanz. Schwimmen, Aquajogging und Wassergymnastik sind besonders ratsam, da die Gelenke entlastet sind und die Ödemneigung gesenkt wird (vgl. Rost).

5.2.3 Vorteile

Von gut dosierter Aktivität in der Schwangerschaft können Mutter und Säugling nur profitieren. Aerobe Belastungen beugen der Bildung von Thrombosen, Krampfadern und Hämorrhoiden vor. Die Sauerstoffversorgung von Mutter und Kind wird erhöht, die Durchblutungsminderung der Gebärmutter unter körperlicher und psychischer Belastung ist bei aktiven Schwangeren geringer. Die regelmäßige Bewegung wirkt der starken Gewichtszunahme etwas entgegen. Nicht außer Acht zu lassen ist der psychische Effekt: neben subjektiv gesteigertem Wohlbefinden und psychischer Ausgeglichenheit, profitiert die Schwangere von besserem Körpergefühl und meist gesteigertem Selbstbewusstsein. Durch diesen Abbau psychischen Stresses können Geburtskomplikationen entgegengewirkt werden und so beispielsweise die Wehentätigkeit erleichtert werden.

5.2.4 Wiederbeginn nach Geburt

Vier Wochen nach Entbindung ist ein Wiedereinstieg mit systematischem Trainingsaufbau möglich. Ein Wiederaufbautraining des Sehnen-, Band- und Muskelapparates sowie des kardiopulmonalen Systems sind notwendig.

6 Ausblick

Bestimmte körperliche Belastungen können im weiblichen Körper also zu erheblichen Problemen im reproduktiven System führen. Zahlreiche Studien haben bewiesen, dass unter Athletinnen eine erhöhte Zahl verspätete Menarchen, Amenorrhön und Folgeerscheinungen wie geringe Knochendichte aufweist. In jedem Falle bedürfen Athletinnen mit jenen Störungen einer sensiblen Behandlung. Es sollte eine entsprechende Analyse durch Fachärzte (Gynäkologen, Endokrinologen) stattfinden anhand derer Ernährungsgewohnheiten, Trainingsumfang, Körperzusammensetzung und Zyklusvorgeschichten festgestellt werden. Individuell muss für die jeweilige Athletin dann die passende Lösung gefunden werden. Dies kann entweder nicht-medikamentös durch eine Reduktion des Trainingsumfanges, erhöhte Energieaufnahme und Reduzierung des allgemeinen Stresses erfolgen oder anhand einer hormonellen Substitutionstherapie bzw. die Einnahme oraler Kontrazeptiva.

Forschungsbedarf besteht in jedem Falle noch im Bereich der hormonellen Therapie. Ob die Einnahme oraler Kontrazeptiva bei Sportlerinnen mit niedrigen Östrogenspiegeln und folglichen Amenorrhön sinnvoll ist, ist fraglich.

Literaturverzeichnis:

Aaaken, E. van & Lennartz, K. (1985). *Das Laufbuch der Frau.* Aachen: Meyer &Meyer Verlag

Drinkwater Bl,& Bruemner B, Chestnut Ch. (1990). *Menstrual history as a determinant of current bone density in young athletes. JAMA*;263: 545–548.

Dusek T. (2001). *Influence of high intensity training on menstrual cycle disorders in athletes.* Croat Med J 2001; 42: 79–82.

Bean, A. & Wellington, P. (1996). *Sporternährung für Frauen. Der Ratgeber für die spezifischen Bedürfnisse aktiver Sportlerinnen.* München: BLV Verlagsgesellschaft mbH.

Korsten-Reck, U. *Sportmedizinische Aspekte des Frauensports* in: Dickhuth,H.& Mayer,F.& Röcker,K.& Berg, A. (2007). *Sportmedizin für Ärzte.* Köln: Deutscher Ärzte-Verlag GmbH.

Nestlé, A. (2006). *Puberty and Athletic Sports in Female Adolescents.* Department of Physical Education and Kinesiology, Brock University, St. Catharines, Canada

Pfeifer M.D.,S & Patrizio M.D., P. (2002). *The Female Athlete: Some Gynecologic Considerations.* Sports Medicine and Arthroscopy Review

Platen, P. (1995). *Mobilität, Fitness und Osteoporoseentstehung- Körperliche Belastung und Knochenmasse.* Dt. Z. Sportmed. 46, Sonderheft, 48-56.

Rost, R. (2001). *Lehrbuch der Sportmedizin.* Köln: Deutscher Ärzte-Verlag.

Sektion Frauensport der DGSP.(2003). *Schwangerschaftsverhütung für Sportlerinnen. Überblick und Empfehlungen.* Zugriff am 06.04.2009 unter http://www.dgsp.de/wissen_heute/empfehlungen/verhuetung.html.

Torstveit, Mk.& Sundgot-Borgen, J. (2005). *Participation in leanness sports but not training volume is associated with menstrual dysfunction:a national survey of 1276 elite athletes and controls.* British Journal of Sports Medicine 2005 ; 39: 141–147.

Weineck, J. (2000). *Sportbiologie.* Balingen: Spitta-Verlag.

Abbildungsverzeichnis: